ARMÉE RUSSE

La nouvelle Instruction

pour la

Conduite du Combat d'infanterie

(1910)

Traduit du russe par le chef de bataillon PAINVIN
De la Section technique de l'Infanterie

PARIS
Henri CHARLES-LAVAUZELLE
Éditeur militaire
10, Rue Danton, Boulevard Saint-Germain, 118

(MÊME MAISON A LIMOGES)

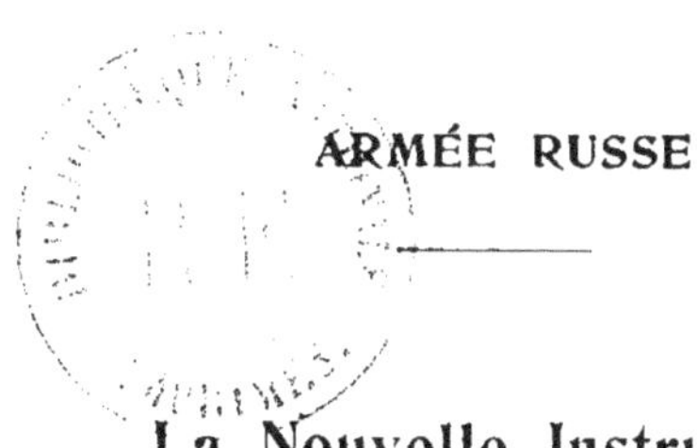

ARMÉE RUSSE

La Nouvelle Instruction

POUR LA

CONDUITE DU COMBAT D'INFANTERIE

(1910).

ARMÉE RUSSE

La nouvelle Instruction

pour la

Conduite du Combat d'infanterie

(1910)

Traduit du russe par le chef de bataillon PAINVIN

De la Section technique de l'Infanterie

PARIS

Henri CHARLES-LAVAUZELLE

Éditeur militaire

10, Rue Danton, Boulevard Saint-Germain, 118

(MÊME MAISON A LIMOGES)

AVERTISSEMENT

Le projet d'une nouvelle « Instruction pour la conduite du combat d'infanterie » (*Nastavlénié dlia védénia boia piékhotoiou*) vient d'être envoyé aux chefs de corps qui, après l'avoir mis en essai, feront connaître les modifications qu'il conviendrait d'y apporter. Cette Instruction, qui complète le « Règlement de manœuvres de l'infanterie du 6 avril 1908 », était annoncée par la « note explicative (1) » annexée audit règlement, et dont nous reproduisons les passages suivants :

Le règlement a pour but : de donner les bases de l'instruction à rangs serrés, d'indiquer quelques types de formations très simples, obligatoires pour l'instruction, les procédés employés pour diriger les troupes et passer d'une formation à une autre. Il indique, en outre, d'une façon ferme, les devoirs de chacun des chefs dans les diverses formations et pendant le combat. Cependant, dans le combat réel, les exemples et prescriptions du règlement ne peuvent que rarement être appliqués sous leur forme pure et simple. Au contraire, chaque exécutant doit les adapter aux circonstances de temps, de lieu et aux autres conditions que réclame la situation.

L'expérience a montré que, sous ce rapport, nos officiers de troupe manquent d'initiative et ont besoin d'indications.

C'est pourquoi le Comité pour l'instruction des troupes a décidé de joindre au nouveau règlement, comme cela avait été fait pour les règlements de 1881 et de 1897, une *Instruction* dans laquelle seront exposés, d'une part, les principes fondamentaux concernant l'emploi des formations réglemen-

---

(1) *Note du traducteur.* — Cette « note explicative » correspond à notre « rapport au ministre ».

taires et l'application des prescriptions du règlement; d'autre part, les modifications à y apporter selon les situations. Cette Instruction a pour but de développer l'initiative des chefs sur le champ de bataille.

Nous ajouterons que ce projet d'Instruction n'est autre que celui qui avait été rédigé pour les troupes de la circonscription militaire de Vilna ; le *Rousskii Invalid* du 11-24 septembre 1910 écrit en effet à ce sujet :

Par suite de la nécessité urgente de donner aux corps de troupes une nouvelle Instruction pour la préparation de l'infanterie en vue du combat, l'état-major général a prescrit la réimpression du projet d'Instruction élaboré pour les troupes de la circonscription militaire de Vilna. Ce projet vient d'être envoyé aux chefs de corps...

Le Traducteur.

La Nouvelle Instruction

POUR LA

Conduite du Combat d'Infanterie

L'INFANTERIE

L'infanterie est l'arme principale. Elle mène le combat conjointement avec l'artillerie, dont le feu l'aide à détruire l'ennemi. L'infanterie dispose toujours des mêmes moyens d'action : le feu et la baïonnette. Seule l'infanterie peut, avec ses propres ressources, briser la dernière résistance de l'ennemi. C'est à elle qu'incombe la tâche la plus lourde de la bataille.

L'expérience de la guerre, tout en faisant ressortir nettement toute la valeur de l'offensive, prouve aussi que la défensive est parfois inévitable et présente quelques avantages.

OFFENSIVE

Le but de l'assaillant est de se rapprocher le plus près possible de l'ennemi et ensuite de l'exterminer.

L'attaque, dès qu'elle est décidée, doit être menée sans esprit de retour et poussée à fond : celui qui a pris la résolution de vaincre ou de mourir est toujours vainqueur.

DÉPLOIEMENT

Pendant la marche d'approche, il faut s'attendre à ce que l'ennemi effectuera, s'il le peut, son déploiement avant nous, et nous accueillera de ses feux, en passant lui-même à l'offensive, au lieu de rester sur la position où nous avions l'intention de l'attaquer. C'est pourquoi tout détachement important se dirigeant sur le champ de bataille probable, même en plusieurs colonnes, doit néanmoins avoir un front et une profondeur de marche tels que tous ses éléments puissent rapidement prendre la formation de combat.

Le nombre des colonnes — et, par suite, leur profondeur — sera déterminé tout d'abord par le nombre de routes conduisant au front de l'ennemi. S'il n'existe pas suffisamment de routes, il conviendra de faire suivre à quelques unités des « pistes de colonne (1) ».

L'ordre de marche ci-dessus mentionné sera conforme, dans son ensemble, au dispositif de combat adopté à l'avance, mais chaque unité marchera en formation de route.

ROLE DE L'AVANT-GARDE

L'avant-garde a pour mission de reconnaître le dispositif de l'ennemi et de permettre au gros des troupes de prendre sa formation de combat dans les conditions les plus avantageuses. La première partie de cette mission ne peut être réalisée que par le combat : c'est pourquoi il importe que l'avant garde se déploie sur un front de même étendue que celui de l'ennemi.

---

(1) Par « piste de colonne » il faut entendre la direction de marche assignée à une colonne sur le terrain. La marche sur une « piste de colonne » peut s'effectuer sans que la route ait été mise en état à l'avance et même sans reconnaissance préalable.

Les troupes de l'avant-garde s'avancent d'abord dans la direction des points avancés sur lesquels on a obtenu des renseignements par une reconnaissance préalable. En conséquence, l'avant-garde constitue différents groupes de formations de combat qui doivent rester constamment en liaison.

Le mode d'action indiqué ci-dessus est avantageux pour les détachements importants, qui ont intérêt — lorsqu'ils sont en contact rapproché avec l'ennemi — à être couverts non par une seule avant-garde, mais par plusieurs, selon le nombre de colonnes que forme le gros des troupes.

En se portant en avant, l'avant-garde doit repousser la ligne d'avant-postes du défenseur sur un secteur donné, s'emparer de ses points avancés et continuer à progresser pour découvrir le dispositif de l'adversaire sur la position principale. En outre, l'avant-garde doit agir de telle sorte qu'elle ne s'expose pas à être battue isolément.

Lorsqu'il lui faut demeurer dans l'expectative, elle s'établit sur les positions déjà occupées qui, dans la plupart des cas, deviendront les premières « positions de feu », c'est-à-dire les positions initiales d'où commencera plus tard la marche offensive dans la zone du feu efficace de l'ennemi. En pareil cas, comme dans tout arrêt forcé, il faut nécessairement retrancher les positions.

Les positions de l'artillerie des forces principales sont choisies et occupées sous la protection de l'avant-garde qui est entrée en contact étroit avec l'ennemi.

Le chef du détachement qui prend l'offensive est fixé, dans une certaine mesure, par l'avant-garde, sur le dispositif de l'adversaire.

LES FORCES PRINCIPALES

Le chef du détachement arrête son plan d'opérations et donne ensuite tous ses ordres pour le combat.

Le mode d'action à appliquer sur le champ de bataille doit être prévu d'autant plus tôt que l'unité est plus importante. Quand il s'agit d'une armée, il convient d'élaborer le plan de combat en se basant sur la situation stratégique et sur les renseignements recueillis avant l'engagement, puis d'indiquer aux colonnes la direction à suivre pendant l'exécution des dernières marches d'approche.

Pour un corps d'armée ou une division, les mesures énumérées ci-dessus sont prises avant l'entrée dans la zone du feu de l'artillerie adverse. Pour les unités plus petites, les dispositions définitives sont arrêtées à une distance encore plus proche de l'adversaire, quand la situation est plus éclaircie ; ainsi, par exemple, le commandant d'une compagnie agissant dans le cadre du bataillon reçoit parfois une mission et détermine son plan d'action dès qu'il entre dans la zone du feu efficace de l'infanterie, tandis que le chef de section n'agit de même qu'avant l'assaut.

Il est mauvais d'arrêter tardivement les dispositions à prendre, parce que les troupes désignées pour exécuter des mouvements tournants ou enveloppants ne connaissent pas en temps opportun les directions à suivre et sont, dès lors, obligées de manœuvrer dans des conditions défavorables. Il est de la plus grande importance que les colonnes chargées des mouvements enveloppants agissent en harmonie complète avec les troupes combattant de front.

Pendant le cours du combat, les chefs ont l'obligation de faire connaître à leurs subordonnés tous les changements de situation venant à se produire — aussi bien dans leur propre troupe que dans les unités voisines — et les modifications qui en résultent pour les opérations.

Ces prescriptions s'adressent, dans la même mesure, aux chefs des grandes unités et aux commandants de compagnie.

DIRECTION DE L'ATTAQUE

A 5 ou 6 verstes (5.330 ou 6.396 mètres) de la position ennemie, il est difficile de désigner à chaque unité du dispositif de combat l'objectif sur lequel elle doit se diriger. Dans la plupart des cas, ce sera seulement aux grandes unités que l'on indiquera sur la carte la direction à suivre. Après s'être orienté, le commandant du régiment désignera au bataillon de base un point du terrain se trouvant dans la direction donnée.

Les autres éléments du dispositif de combat du régiment marcheront parallèlement à l'unité de base jusqu'au moment où on leur donnera leur mission spéciale. Ces unités (bataillons, compagnies) marcheront alors chacune sur leur point de direction particulier (une partie du front de la position ennemie, un flanc, etc.).

Généralement, le défenseur occupe la position par groupes séparés par des intervalles. Ces intervalles, qui sont nécessités par la puissance du feu moderne, peuvent être très grands. En conséquence, les troupes de l'assaillant ne formeront pas, sur leurs secteurs de combat, des lignes compactes et continues ; elles constitueront aussi des groupes qui, tout en s'efforçant d'atteindre chacun leur but particulier, devront rester en liaison étroite les uns avec les autres.

L'indication, en temps opportun, à chaque unité — jusques et y compris la compagnie et la section — des objectifs particuliers à attaquer, et, par conséquent, aussi de la direction à suivre, dépend de l'habileté du chef à comprendre la situation (du coup d'œil) et a une importance énorme pour le succès de l'opération. Les missions particulières des bataillons de première ligne doivent être déterminées — semble-t-il — avant qu'on ait atteint la zone du feu efficace de l'infanterie (à environ 1.500 pas). Quant aux missions particulières des compagnies, elles peuvent être données plus tard.

RÉGULARISATION DE LA MARCHE DANS L'OFFENSIVE

Les différents éléments règlent leur marche sur l'unité de direction. C'est pourquoi, au moment où les troupes prennent la formation de combat, on doit de préférence charger de la direction l'unité qui est exposée à progresser dans les conditions les plus difficiles.

Dans la plupart des cas, l'arrivée d'une troupe en formation de combat dans la zone du feu efficace de l'infanterie adverse, c'est-à-dire sur la première position de feu, est marquée par l'arrêt de sa première ligne. Il est nécessaire de profiter de cet arrêt pour régler la marche ultérieure des unités de chaque colonne et en partie des colonnes voisines.

Depuis la première position de feu jusqu'au choc à la baïonnette, la marche en avant est réglée sur l'unité désignée au début comme unité de direction au moyen d'ordres et de renforts fournis par les réserves. Mais, néanmoins, toute unité ayant la possibilité de gagner du terrain doit profiter de cet avantage pour appuyer de son feu la marche en avant des autres unités. En principe, les différents éléments doivent aspirer à se porter à hauteur de l'unité la plus avancée. Naturellement, l'unité qui a le plus progressé dans un secteur donné est désignée temporairement comme unité de direction : c'est sur elle que les autres unités règlent leur marche. Il en résulte que le dispositif de combat prend une forme rectiligne ou échelonnée. Ainsi donc, pendant les premières phases de la marche, diverses unités peuvent successivement être chargées de la direction, sans que l'importance de l'unité de base fondamentale soit en rien diminuée.

TRAVERSÉE DE LA ZONE DU FEU D'ARTILLERIE

L'art de progresser dans la zone battue par des feux d'artillerie exécutés à grande distance consiste à se dérober non seulement aux coups, mais aussi et surtout aux vues de l'ennemi. A partir de 5 à 6 verstes (5.330 à 6.396 mètres), l'assaillant doit faire en sorte de marcher à couvert, pour les raisons suivantes : 1° le défenseur peut, dans une certaine mesure, deviner les intentions de son adversaire d'après le groupement des forces qui lui sont opposées ; 2° bien qu'à ces distances les pertes ne peuvent pas être élevées, le défenseur a la possibilité, en observant attentivement la direction de marche des grandes unités, d'en profiter pour concentrer sur elles un feu violent dès qu'elles se rapprochent des limites du terrain qui lui est connu. Dès que l'assaillant entre dans la zone du feu d'artillerie exécuté à grande distance, sa marche, de convergente qu'elle était, devient divergente : les bataillons prennent les distances et les intervalles de combat prescrits pour une troupe en butte au feu efficace de l'artillerie et passent à la « formation de réserve ouverte », c'est-à-dire à la « formation par compagnie » (1). Cette manœuvre s'exécute sous la protection d'une chaîne de patrouilles.

Pour traverser la zone du feu d'artillerie efficace, les troupes, jusqu'au moment où elles arrivent à portée du feu de mousqueterie — c'est-à-dire de 5 à 2 verstes (5.330 à 2.132 mètres) — prennent la *formation par compagnie*, mais passent à la *formation par section* (2) pour franchir les espaces battus.

---

(1) *Note du traducteur.* — Dans la *formation par compagnie*, les compagnies sont disposées sur une ou deux lignes, ou échelonnées à des intervalles et à des distances indiqués par un ordre. Chaque compagnie peut, à la volonté de son commandant, prendre la formation qui convient le mieux à la situation. (Art. 239 du règlement de manœuvres de l'infanterie russe, du 6 avril 1908.)

(2) *Note du traducteur.* — Dans la *formation par section*, les sec-

Le feu de l'artillerie, produisant peu d'effet sur les formations ouvertes, ne peut — comme le prouve l'expérience de la dernière guerre — arrêter la marche de l'infanterie. C'est pourquoi la marche par bonds exécutés par des fractions de compagnie peut être employée accidentellement pendant cette phase — par exemple pour franchir des espaces fortement battus — dans le but d'amener plus rapidement la compagnie derrière un couvert ou de la soustraire au plus vite aux projectiles de l'artillerie. Mais, en général, tous les éléments du dispositif de combat s'avanceront au pas et simultanément, en s'arrêtant de temps à autre pour pouvoir régler leur marche sur l'unité de direction. Pendant cette phase, l'artillerie de l'assaillant concentrera tous ses feux sur les batteries du défenseur, afin que ces dernières soient le plus possible affaiblies au moment où l'infanterie amie s'approchera des premières positions de feu.

Quand l'infanterie, en formation de combat, traverse les emplacements de son artillerie, elle passe par les intervalles existant entre les batteries et peut, si c'est nécessaire, se glisser entre les pièces. Ce dernier procédé n'est employé qu'avec l'autorisation du commandant de l'artillerie et d'une façon successive, afin de ne pas obliger toutes les batteries à cesser leur feu simultanément.

CHOIX DES FORMATIONS

Le Règlement de manœuvres de l'infanterie laisse aux commandants de compagnie et de section la liberté de choisir les formations que peuvent prendre leurs unités

---

tions sont établies sur une ou deux lignes, ou échelonnées à des distances ou intervalles fixés par un ordre du commandant de compagnie. Chaque section, selon la situation, peut être en ligne déployée, serrée ou ouverte, sur un ou sur deux rangs, en colonne ou par le flanc, au choix du chef de section. (Art. 160 du règlement de manœuvres de l'infanterie russe, du 6 avril 1908.)

respectives dans le dispositif de combat. Lors du choix des formations, tout chef doit considérer les propriétés de chacune d'elles. Une formation profonde (compagnie en colonne de sections, en colonne d'escouades et par le flanc et section en colonne d'escouades) présente un front peu visible, est facile à diriger et, de plus, est plus maniable sur le terrain (passage de bois, de broussailles épaisses et de défilés). En outre, il est plus facile aux hommes de marcher exactement les uns derrière les autres que de s'aligner par rangs. Une troupe en formation profonde s'abrite plus facilement derrière les couverts perpendiculaires au front ; mais, par contre, elle est plus exposée aux feux d'écharpe.

En face d'une artillerie exécutant, contre un dispositif de combat d'infanterie, un « tir sur zones » (pièces parallèles), la « formation par section » est la plus avantageuse, parce que, dans ce cas, la profondeur de la formation prise par la section n'a pas une importance essentielle, mais la formation « par sections par le flanc » est plus commode pour la marche.

Les formations à front large et mince (lignes déployées de la compagnie et de la section, serrées et ouvertes) sont d'un maniement plus difficile et offrent à l'ennemi un objectif plus visible, mais elles s'abritent plus facilement derrière les couverts parallèles au front, sont moins exposées au feu de mousqueterie et se prêtent mieux à l'exécution des bonds par fractions.

Ainsi, on peut recommander : aux grandes distances (dans la zone du feu d'artillerie éloigné), les formations à front étroit et profondes (par section, les sections étant par le flanc) ; dans la zone du feu d'infanterie, les formations à front plus large et diluées. Quand une troupe d'infanterie en formation profonde est découverte par l'artillerie adverse et en butte à ses feux convergents, elle a avantage à prendre une formation mince. La formation à adopter est celle qui se plie le mieux au terrain, c'est-à-dire qui échappe le plus aux vues de l'ennemi.

ÉTENDUE DES SECTEURS DE COMBAT EN LARGEUR ET EN PROFONDEUR

L'étendue de chaque secteur de combat d'une infanterie assaillante dépend, d'une part, de l'importance du secteur dans le dispositif général, d'autre part, des difficultés plus ou moins grandes de l'attaque.

Dans les secteurs appelés à jouer un rôle décisif et se trouvant dans une situation difficile, il est indispensable que le dispositif de combat ait un front très dense et une profondeur favorisant la succession des efforts des réserves. D'après le Règlement de manœuvres, l'étendue moyenne du front de combat doit, dans ce cas, être au maximum de 250 à 300 pas pour la compagnie et de 1.200 à 1.500 pas pour quatre bataillons.

Dans un secteur de régiment, on peut envoyer au début, sur la ligne de combat, un ou deux bataillons, en mettant en première ligne un nombre restreint de compagnies. A leur tour, ces dernières ne sont pas obligées de constituer un dispositif de combat continu ; elles prennent entre elles des intervalles, occupent chacune un front variant de 250 à 300 pas environ et utilisent, pour s'abriter derrière les obstacles du terrain et pour manœuvrer, les espaces existant entre les compagnies. Le renforcement de la ligne du dispositif de combat du bataillon s'effectue, au fur et à mesure que la situation s'éclaircit, par l'envoi de nouvelles compagnies de la réserve qui s'intercalent dans les intervalles libres jusqu'à ce que ces derniers soient remplis. C'est en procédant de la même manière qu'on obtient sur la première position de feu la densité définitive.

La formation de combat de la compagnie est renforcée, dans son secteur, par son propre soutien. C'est donc seulement lorsque ce dernier est épuisé que se produit le mélange inévitable des compagnies et des bataillons. Tel est le meilleur fonctionnement du renforcement progressif de la formation de combat de l'assaillant.

Dans l'offensive, la différence de répartition des troupes dans les secteurs du dispositif de combat, sur les directions décisives et sur celles d'une importance secondaire (démonstrative) est exprimée par la force des réserves et non par celle de la ligne de combat. De cette façon, le défenseur ignorera l'effectif des forces chargées de lui porter le coup décisif dans une direction donnée.

L'assaillant présentera aux vues de son adversaire un dispositif de combat puissant, exécutera des feux très nourris, s'efforcera résolument de gagner du terrain ; il n'aura pas, il est vrai, la possibilité de donner des assauts opiniâtres sur *tout le front*, mais il disposera de fortes réserves dans la direction où il voudra amener la décision.

Si le terrain est favorable, les lignes de combat, dans les « secteurs de démonstration », pourront être plus faibles, à la condition que l'intensité du feu soit augmentée.

Sur un terrain découvert, les distances entre les lignes du dispositif de combat, et même entre les réserves de compagnie et la chaîne, pourront atteindre 600 pas. De cette façon, un shrapnell tiré sur une ligne n'atteindra aucun homme des autres lignes. L'ennemi, se trouvant à 800 ou 1.000 pas, ne pourra pas obtenir assez vite la supériorité du feu pour empêcher les réserves de se rapprocher de la chaîne.

TRAVERSÉE DE LA ZONE DU FEU DE MOUSQUETERIE ÉLOIGNÉ

Les fusils des armées étrangères ont, comme le nôtre, une portée d'environ 3.000 pas et peuvent causer des pertes à partir de cette distance ; c'est pourquoi des chaînes de combat seront constituées dès qu'on se trouvera à 3.000 pas de la position ennemie.

En ce qui concerne le nombre de sections à déployer en tirailleurs au début du combat, il ne faut pas oublier que les chaînes de combat sont destinées à ébranler l'adversaire par leur feu. D'autre part, à 3.000 pas de l'ennemi, nos tirailleurs ne distingueront peut-être les faibles profils des retranchements adverses — à peine visibles à la jumelle — que si ces derniers ont été découverts par une reconnaissance préalable. Il est donc évident qu'un tir d'infanterie, exécuté d'une pareille distance, sur un adversaire abrité dans ses retranchements, ne donnera aucun résultat et ne sera qu'un gaspillage inutile de munitions. Or, les troupes assaillantes ne portant pas sur elles beaucoup de cartouches, il faut les ménager.

En conséquence, il n'y a pas lieu de constituer d'un seul coup de fortes chaînes de combat ; il suffit de déployer en tirailleurs une seule section. En outre, il y aura, sur le front d'attaque, non pas une, mais plusieurs compagnies ; si donc l'objectif ennemi était découvert, les sections des compagnies voisines pourraient tirer sur lui. Il ne faut pas oublier, non plus, qu'à ces distances l'artillerie écrase de ses projectiles tout objectif qui vient à paraître ; ce sera, pour cette arme, le tir le plus efficace. Il faut également considérer qu'une compagnie en formation de combat est difficile à diriger et que son commandant pourra remplir plus facilement sa tâche s'il n'a qu'une seule section en chaîne. De plus, en s'avançant, à partir de 2 verstes (2.132 mètres) en formation de combat, il peut arriver que le front d'attaque soit obligé de se resserrer (passage d'un défilé) à tel point que la section déployée en tirailleurs et même la compagnie n'aient plus de place sur la ligne de combat. En pareil cas, on se trouverait dans la nécessité d'enlever cette compagnie du dispositif de combat. Il faut donc avoir sur la ligne de combat des chaînes diluées, ayant la possibilité de réduire la largeur de leur front. Il est impossible de fixer la distance à laquelle la chaîne devra s'arrêter et occuper la première position de feu pour commencer à tirer. Il est également impossible d'indiquer à partir de quelle distance la marche se fera par bonds. Cela dépendra de l'ennemi et de la nature du terrain. Ce sera le feu de l'adversaire qui obligera notre chaîne à s'arrêter ; jusqu'à ce moment, elle aura tout intérêt à continuer sa marche en avant. En tout cas, il n'y a pas avantage à arrêter la chaîne, c'est-à-dire à l'établir sur la première position de feu, à une distance de l'ennemi supérieure à 1.500 ou 1.800 pas, sauf si l'on veut ouvrir le feu sur de grands objectifs. A partir de 1.500 pas, les feux du défenseur bien abrité, tirant avec calme et connaissant exactement la hausse à prendre, seront déjà très efficaces. Arrivé à cette même distance, l'assaillant devra, lui aussi, commencer à tirer et s'avancer ensuite de position en position sous la protection de son feu de mousqueterie.

Ainsi donc, on voit par ce qui précède, qu'avant d'avoir gagné la première position de feu, l'infanterie assaillante joue un rôle essentiellement passif et a, pour unique tâche, de se rapprocher de l'adversaire en se dissimulant le plus possible et sans ouvrir un feu, qui serait peu efficace.

Pour éviter les fortes pertes que pourrait causer le tir de l'artillerie adverse, il convient, si les circonstances le permettent, de traverser cette zone à la faveur de l'obscurité pour occuper, à l'aube, la première position de feu, aussi près que possible de l'ennemi. Il sera très avantageux de retrancher cette position pendant la nuit. Mais, pour cela, il sera nécessaire qu'avant la tombée de la nuit les bataillons et compagnies fassent reconnaître soigneusement, par leurs éclaireurs, les positions de feu et les cheminements qui y conduisent. Pour permettre aux troupes de s'orienter, ces positions et cheminements seront jalonnés et, au besoin, occupés par des patrouilles pendant le jour.

Cette mission sera remplie très avantageusement par les avant-gardes qui auront été poussées au préalable jusqu'à la hauteur des premières positions de feu.

MARCHE DANS LA ZONE DU FEU DE MOUSQUETERIE RAPPROCHÉ (ATTAQUE)

Comme il a été dit plus haut, c'est de la première position de feu que l'on peut se rendre compte le mieux du mode de répartition des forces du défenseur. Par conséquent, l'assaillant, après avoir arrêté son plan d'attaque ultérieur, sera en mesure de donner leurs missions particulières aux bataillons et compagnies.

Pour pouvoir tirer avec efficacité pendant la marche ultérieure, il faudra, alors qu'on sera sur la première position de feu, apprécier la distance nous séparant de l'ennemi en utilisant tous les moyens à notre disposition. Il pourra se faire que l'on soit obligé de s'attarder quelque temps sur cette position, pour régler l'ordre de marche de tout le dispositif de combat et aussi pour permettre à l'artillerie amie d'impressionner, par son feu, l'infanterie de la défense. Il est fort probable que, pendant ce temps, une partie de notre artillerie, protégée par les feux de l'infanterie et des autres batteries, ira s'établir plus en avant afin de pouvoir soutenir plus efficacement l'infanterie lorsqu'elle quittera la première position de feu pour continuer sa marche offensive.

En même temps que l'on occupe la première position de feu, il importe de renforcer la chaîne et de constituer définitivement le dispositif de combat avec des forces suffisantes, en y faisant entrer le nombre nécessaire de compagnies et de bataillons. La chaîne est renforcée par des sections fraîches. On doit éviter, dans la mesure du possible, le mélange des sections et des escouades, aussi bien lors du premier renforcement que dans ceux qui suivront. Toutefois, plus on sera près de l'ennemi, plus il sera difficile de se conformer à cette prescription. C'est pourquoi il est nécessaire d'habituer au mélange, non seulement les hommes sur la chaîne, mais aussi les compagnies dans le régiment.

Ainsi qu'il a été dit plus haut, la marche offensive et l'attaque consistent à se rapprocher de l'ennemi et à l'exterminer à l'aide du feu et de la baïonnette. En se rapprochant, il faut, autant que possible, se dissimuler dans le but d'éviter des pertes. Il existe toujours des abris, même sur des espaces complètement découverts. Souvent un terrain qui, à première vue, paraît être complètement uni, présente de légères différences de niveau d'un pied, qui sont suffisantes pour masquer un homme couché et même un groupe. Mais il n'est pas aussi facile de trouver une ligne de feu (position de feu) permettant aux tirailleurs tout à la fois de bien s'abriter et d'apercevoir le dispositif de l'ennemi ; c'est au chef qu'il incombe de chercher une position réunissant ces deux conditions.

Toute la question revient à enseigner judicieusement à chaque tirailleur l'utilisation du terrain, afin qu'il sache en tirer tout le parti possible et comprenne toute l'utilité de cet enseignement.

Il faut faire une distinction bien nette entre le *bond* et le changement de *position de feu*. Le bond n'est qu'un moyen pour exécuter un changement de position.

Il est impossible de franchir en courant, et sans s'arrêter, une distance de 200 ou 300 pas, pour se porter d'une position à une autre ; les forces physiques et morales de la troupe exposée à une pluie de projectiles ne le permettent pas. L'amplitude des bonds et, par suite, aussi leur nombre varient entre les différentes positions de feu et dépendent des forces physiques de la troupe, du feu de l'ennemi et de la nature du terrain. On s'arrêtera aux endroits offrant les meilleurs couverts, et l'on y restera le temps nécessaire pour que les hommes puissent reprendre haleine. Pendant l'arrêt qui suit l'exécution d'un bond, il est impossible de tirer : les tirailleurs sont essoufflés et risqueraient, en outre, d'atteindre les autres groupes qui se portent en avant en courant. Le feu est donc ouvert par les groupes ayant déjà gagné la position indiquée. En conséquence, pendant les arrêts effectués par un groupe se portant d'une position à une autre, les hommes doivent, exclusivement, chercher à se dérober le mieux possible aux vues de l'ennemi. Il en est tout autrement lorsqu'on arrive sur une nouvelle position de feu ; dans ce cas, les tirailleurs se préoccupent surtout de trouver un emplacement leur permettant de bien tirer.

Le choix d'une position de feu dépend du terrain, de la situation des unités voisines et de l'intensité du feu de l'ennemi, qui s'oppose à la marche de l'assaillant. Plus on est proche de l'adversaire, plus il devient difficile de progresser, et plus les positions de feu de l'assaillant sont rapprochées les unes des autres.

Les distances entre les positions doivent, surtout lorsqu'on est très éloigné de l'ennemi, être assez grandes : si chaque distance est inférieure au tiers de l'espace total à franchir pour aborder l'ennemi, l'efficacité du feu n'est pas augmentée ; de plus, les tirailleurs, changeant plus fréquemment de position, abandonnent un emplacement parfois très favorable au tir et l'ennemi a, de ce fait, l'avantage de voir nettement progresser l'assaillant, sans subir lui même des pertes plus élevées.

Si, par exemple, de la première position de feu située à 1.500 pas de l'ennemi, on exécute une série de bonds pour occuper une seconde position se trouvant à 500 ou 600 pas en avant, on peut espérer produire sur l'adversaire une forte impression morale, car un feu ouvert à une distance de 1.000 pas est déjà notablement plus efficace et fait sentir au défenseur la force des troupes assaillantes qui se rapprochent.

Quand plusieurs compagnies de la ligne de combat se porteront en avant et exécuteront, à cause de la nature du terrain, des bonds d'une grande amplitude, il arrivera souvent qu'une compagnie gênera le tir d'une autre et ne pourra pas, avec ses seules ressources, fournir un feu assez intense pour appuyer la marche offensive de ses propres fractions. En pareil cas, le chef de bataillon — ou même le commandant du régiment — devra choisir lui-même les positions, régler l'ordre dans lequel les compagnies se mettront successivement en marche, et veiller à ce que les unités exécutant les bonds se prêtent un mutuel appui par le feu.

Mais cela n'exclut pas, pour chaque commandant de compagnie, l'obligation de pousser sa compagnie en avant, même s'il est le seul à pouvoir le faire ; dès qu'il aura gagné du terrain, il aidera, par son feu, les autres compagnies à progresser.

Les changements de position, c'est-à-dire les bonds, s'exécutent de la façon suivante : le commandant de compagnie remarque une position en avant qui lui paraît bonne et en détermine assez exactement le relief à l'aide de la carte, dans le cas où il ne pourrait pas en distinguer nettement les contours de l'emplacement où il se trouve. Après avoir choisi le secteur de la nouvelle position, dont le profil est le plus accentué, il indique la section qui devra l'occuper, communique à sa compagnie l'ordre général concernant le changement de position, et désigne, comme section de base, de préférence celle à laquelle on peut donner avec le plus de précision un point de direction. Si c'est nécessaire, cette section envoie, au préalable, en avant, ses éclaireurs ou un chef d'escouade avec un chaînon (1), pour reconnaître plus exactement la position. Dans ce cas, les éclaireurs ne doivent pas perdre de vue qu'il s'agit d'établir sur cette position toute la compagnie et non pas seulement leur propre section. Sur un signe des éclaireurs, ordre est donné à la section de base de commencer son mouvement en avant. Les éclaireurs doivent faire en sorte de ne pas masquer le feu des sections voisines ni, autant que possible, celui de la leur propre.

Le chef de section fixe le point terminus du premier bond derrière quelque couvert et part au pas de course avec sa troupe qu'il arrête tout près et en arrière de la nouvelle position. Il ne fait pas ouvrir le feu pendant les différents arrêts, qu'il utilise seulement pour laisser reprendre haleine à ses hommes. Arrivés à proximité de la position, les tirailleurs s'abritent et vont l'occuper homme par homme, dans le but de se dérober aux vues de l'ennemi le plus longtemps possible. Le feu est ouvert quand la plus grande partie, ou la totalité de la section occupe la position, sur laquelle elle organise des appuis pour les fusils et des masques pour produire immédiatement une forte impression sur l'ennemi.

Les autres sections, qui sont encore sur la position précédente, protègent la section en marche, en dirigeant un feu vif sur le secteur ennemi qui tire sur elle. Cette prescription doit être considérée comme une règle générale. Le défenseur est évidemment obligé de se découvrir afin de concentrer son feu sur la section en marche qui est pour lui le meilleur objectif du moment. Par conséquent, les sections restées sur place auront la possibilité de soutenir la section en marche, en envoyant à l'ennemi des feux obliques qui lui occasionneront des pertes.

Toutefois, l'exécution de ces feux obliques sera diffi-

---

(1) *Note du traducteur.* — Le chaînon, qui correspond à notre groupe, comprend de 2 à 3 files; il est commandé par le plus ancien soldat.

cile, parce que chaque tirailleur, poussé par l'instinct de la conservation, tirera infailliblement sur l'adversaire qui lui sera directement opposé, comme lui paraissant le plus dangereux pour sa propre personne. C'est en pareil cas que la discipline du feu devra se faire valoir.

Au fur et à mesure que l'assaillant se rapprochera du défenseur, le feu de ce dernier deviendra plus efficace ; l'intensité de ce feu indiquera le moment où les bonds devront être exécutés par des fractions plus faibles, c'est-à-dire par escouade, par chaînon et homme par homme. L'amplitude de ces bonds sera de plus en plus petite. Dans la zone du feu de mousqueterie le plus efficace, il faudra, ou bien se porter de couvert en couvert, au pas de course, homme par homme, en exécutant des bonds de 15 à 20 pas, afin que l'ennemi n'ait pas le temps de viser l'objectif en marche, ou bien s'avancer en rampant et se grouper seulement sur la position.

Le tirailleur ne s'avance en rampant ou en se courbant que s'il est couvert, au moins en partie, par le terrain, ou dans le cas où l'ennemi ayant perdu son calme, commencerait à tirer trop haut. Dans les cas contraires, il vaut mieux prendre simplement le pas de course, parce que l'homme, exécutant son bond au moment où l'adversaire ne s'y attend pas, reste exposé moins longtemps au feu.

Dans la zone du tir de but en blanc, et en terrain découvert, l'assaillant progresse de la façon suivante : les tirailleurs les plus avancés ébauchent, à chacun de leurs arrêts, un abri dont profiteront à leur tour les hommes qui les suivent. De cette façon, on obtiendra, dans l'espace compris entre deux positions, une série de points d'arrêt offrant des couverts plus ou moins sûrs. Une fois arrivé sur la position désignée, le tirailleur y cherche un obstacle du sol pouvant l'abriter — par exemple une pierre, un arbre, un trou, etc. — et l'organise, non seulement pour lui-même, mais aussi pour son camarade ; le tirailleur suivant agit de même et ainsi de suite. Si le terrain ne présente aucun couvert, on peut utiliser les petits sacs à sable ou bien les manteaux, les toiles de tente et les bourgerons que l'on remplit de terre.

La violence du feu du défenseur et un terrain complètement découvert en avant de sa position obligeront très souvent à s'arrêter l'assaillant qui ne réussira pas à franchir la zone du feu de mousqueterie avant la tombée de la nuit. Il faudra alors continuer la marche offensive à la faveur de l'obscurité. Dans ce cas, on reconnaîtra avec soin l'espace qui sépare l'assaillant de la ligne avancée du défenseur et, si possible, on enverra en avant, au crépuscule, des éclaireurs chargés de jalonner la dernière position de feu, qui sera occupée et retranchée pendant la nuit. On profitera de l'obscurité pour détruire les obstacles artificiels que le défenseur pourrait avoir organisés en avant de sa position.

Lorsque les troupes assaillantes se sont rapprochées de la position ennemie assez près pour pouvoir apercevoir les têtes des défenseurs émergeant des retranchements, il devient possible de préparer l'assaut par un feu de mousqueterie efficace.

Si l'infanterie assaillante ne trouve devant elle aucun objectif vulnérable, elle dirige son feu sur la position occupée par les tirailleurs ennemis, dans le but d'empêcher ces derniers de se montrer pour tirer. Pour préparer l'assaut avec succès, il est nécessaire de continuer longtemps l'action par le feu. Indépendamment des pertes qu'il subira, le défenseur sera ébranlé physiquement et moralement, sur toute sa ligne, par l'attente continuelle et pénible de l'assaut.

Le succès de l'attaque sera assuré par la concordance des efforts de l'infanterie et de l'artillerie, et par l'appui mutuel que se prêteront ces deux armes.

LA LIAISON AVEC L'ARTILLERIE

L'artillerie soutient par son feu l'infanterie, depuis le moment où celle-ci prend sa formation de combat jusqu'au choc à la baïonnette. Aussitôt que l'infanterie de la défense commence à tirer, l'artillerie de l'attaque ouvre sur les retranchements de l'adversaire un feu violent qui oblige ce dernier à s'abriter, et, par suite, à garder le silence. Notre infanterie en profite pour se porter en avant, puis s'arrête sur une nouvelle position et ouvre le feu.

En conséquence, pour pouvoir appuyer la marche de l'infanterie, il est nécessaire que l'artillerie soit informée du moment où un secteur de la formation de combat passe à l'offensive, c'est-à-dire change de position. A cet effet, le secteur de combat de l'infanterie doit être relié à l'artillerie par le téléphone et par une chaîne de signaleurs. Le chef du secteur informe l'artillerie que son secteur de combat va occuper une nouvelle position et a besoin d'être soutenu. Les batteries ouvrent le feu sur les retranchements ennemis construits devant le front de l'assaillant et les commandants de compagnie portent rapidement par bonds leurs troupes sur les positions qu'ils ont remarquées en avant. Dès le temps de paix, pendant les exercices d'exécution des bonds, il est nécessaire d'habituer les chefs de section et d'escouade à comprendre le motif pour lequel l'artillerie augmente l'intensité de son feu et à considérer l'avertissement « l'artillerie tire avec plus d'intensité » comme le signal d'un bond à exécuter. Avant le choc à la baïonnette, l'artillerie tire, sous de grands angles, sur tous les points où cela lui est possible, et continue le feu jusqu'au moment où l'infanterie est maîtresse du front de la position ennemie. En même temps, une partie des batteries dirige son feu sur les derrières de la position adverse et y bat une zone de terrain pour empêcher le défenseur de faire avancer ses réserves. Il vaut mieux que l'infanterie subisse quelques pertes occasionnées par sa propre artillerie plutôt que de ne pas atteindre le but de l'attaque.

L'ASSAUT

Si la dernière position de feu ne présente pas de couverts, l'infanterie doit s'y retrancher et ouvrir un feu violent sur le défenseur ; quant aux renforts qui arrivent, il est nécessaire qu'ils se dérobent aux vues de l'adversaire et qu'ils construisent des retranchements pour le cas où l'assaut ne réussirait pas du premier coup. Quand le terrain est uni, les premières troupes arrivées construisent des abris pour les suivantes ; à cet effet, elles utilisent tout ce qu'elles ont sous la main, même les cadavres des camarades tués (*dajé tièla pogibshikh tovaritshéi*).

Tout chef subalterne qui marche à l'attaque, peut donner le signal conventionnel de l'assaut. Les unités voisines et les réserves doivent soutenir la fraction qui donne l'assaut, soit en exécutant aussi l'attaque décisive, soit en fournissant un feu violent. Le chef le plus ancien a l'obligation, avant de donner le signal de l'assaut, de prévenir tout le monde par un ordre.

Aussitôt la position ennemie enlevée, l'assaillant se prépare immédiatement à la défense. L'adversaire pourra, en effet, tenter un retour offensif et, en tout cas, son artillerie, établie à une petite distance, dirigera sur la position enlevée par l'assaillant un feu violent. L'organisation défensive de cette position ne pourra être entreprise que par une faible partie des troupes assaillantes, tandis que le gros des forces poursuivra de ses feux l'ennemi battu. Si le premier assaut échoue, les unités qui se replient doivent s'arrêter autant que possible sur la dernière position de feu, qui, ainsi qu'on l'a dit plus haut, a été organisée dans ce but, en temps opportun. Ces unités, renforcées par des réserves fraîches, renouvellent l'assaut jusqu'à ce qu'elles réussissent ou jusqu'à épuisement complet de leurs munitions.

CONDUITE DU FEU

La conduite du feu s'exprime : 1° par le choix de l'objectif à battre, et 2° par le réglage de l'intensité du feu, en d'autres termes, par le choix de la nature du feu.

1° *Choix de l'objectif.*

Le choix de l'objectif doit être déterminé : 1° par son importance tactique, et 2° par son degré de vulnérabilité.

a) L'importance tactique de l'objectif dépend de sa nature : observateurs et chefs isolés apparaissant, même à de grandes distances ; troupes et hommes isolés se portant méthodiquement dans une direction donnée ; rassemblement de troupes probable derrière un couvert servant de masque (lisière de bois, clôture, champ couvert de céréales, crête d'un parapet, etc.) En pareil cas, le chef prescrit l'ouverture du feu même sur un objectif peu visible ou sur un obstacle du terrain servant de masque à l'ennemi. On aura alors peu de chances de frapper l'objectif, et l'on comptera, non pas sur la justesse du tir, mais plutôt sur la densité du feu. La désignation des objectifs ci-dessus mentionnés doit être faite de préférence par le commandant de compagnie, qui peut, plus facilement que tout autre, apprécier leur valeur tactique.

b) Le choix de l'objectif, basé sur son degré de vulnérabilité, dépend dans une large mesure : 1° de l'appréciation exacte de la distance ; 2° des dimensions de l'objectif.

Le défenseur a la possibilité de repérer à l'avance les

distances de tir ; l'assaillant doit, lorsqu'il s'arrête sur la première position de feu, se servir du télémètre ou demander à l'artillerie des renseignements lui permettant de connaître la distance initiale le séparant de l'ennemi. Quand c'est possible, il faut apprécier les distances au moyen de la carte et seulement, en cas de nécessité absolue, à la vue. Si l'on emploie ce dernier procédé, le tir à une distance supérieure à 1.500 pas n'est admissible que s'il s'agit de battre une zone dans laquelle se trouvent de gros objectifs ayant une importance tactique particulière. Quand les distances ont été mesurées, on peut, si l'on dispose d'un fort approvisionnement de cartouches et si les autres conditions sont favorables, admettre l'ouverture du feu de mousqueterie : sur de gros objectifs, tels que batterie ou section, à partir de 2.500 pas ; sur des groupes et des chaînes de tirailleurs debout, à partir de 1.500 pas ; sur des hommes isolés debout et sur des chaînes de tirailleurs couchés, à partir de 1.000 pas.

2° *Choix du genre de feu.*

Le Règlement de manœuvres de l'infanterie indique quatre genres de feux (art. 124, alinéas *a*), *b*), *c*), et art. 126) (1).

En ce qui concerne les cas dans lesquels doit être employé chaque genre de feu, on se conformera aux prescriptions des articles 41-46 de l' « Instruction pour l'enseignement du tir » (du 27 février/12 mars 1909) (2).

---

(1) *Note du traducteur.* — Feu lent, feu rapide, feu à cartouches comptées et feu par salves.

(2) EFFETS DU TIR

41. — Par suite des propriétés balistiques du fusil de 3 lignes (7mm.6), un bon tireur isolé doit pouvoir atteindre, en un ou deux coups, tout objectif de guerre apparaissant à moins de 400 à 450 pas.

Aux distances plus grandes, les probabilités d'atteindre l'objectif

Pour compléter les prescriptions du règlement, il y a lieu d'ajouter que, le feu par salves étant peu efficace (environ la moitié du pour cent obtenu avec le feu à vo-

---

diminuent; c'est pourquoi un tireur isolé ne doit pas espérer toucher, avec un seul coup de fusil, un fantassin ou un cavalier au delà de 600 pas, et un groupe de 2 hommes à plus de 800 pas.

42. — Pour augmenter les chances d'atteindre un objectif donné, on peut : prescrire d'exécuter une série de coups de feu isolés — ce qui exige un certain temps — ou bien faire battre le but par un groupe de tireurs plus ou moins important.

Les groupes peuvent exécuter : des *feux de salve* et des *feux individuels* (lents, rapides et par cartouches comptées).

43. — Ce sont les feux de salve qui assurent le plus la discipline du feu; ils permettent au chef de conserver sa troupe en main, d'observer plus facilement les points de chute des balles et les effets du feu, et donnent la possibilité de régler la consommation des munitions. Les feux de salve produisent sur l'ennemi une plus forte impression que les feux individuels, et inspirent aux troupes qui les exécutent un sentiment plus profond de leur force et de leur cohésion.

Mais la précision des feux de salve est moins grande que celle des feux individuels; en outre, au combat, l'exécution des feux de salve n'est possible que pour de petites fractions (sur la chaîne, seulement pour la section et même l'escouade) et à la condition que l'on ne se trouve pas à une distance trop rapprochée de l'ennemi.

En conséquence, on emploie les feux de salve au combat :

a) Pour régler le tir;

b) Quand le chef juge nécessaire de reprendre sa troupe en main pour y rétablir la discipline et le calme;

c) [illegible] les tirs de nuit;

d) Contre les objectifs étendus suffisamment compacts, et placés au moins à une verste (1.066 mètres); ou encore pour battre les zones occupées par l'ennemi;

e) Dans tous les cas où des troupes en ordre serré sont appelées à tirer.

On peut exécuter de 8 à 10 feux de salve à la minute, sans nuire à la précision du tir.

44. — Le feu individuel lent — les hommes tirant à tour de rôle dans chaque escouade ou chaînon — est le plus économique au point de vue de la consommation des munitions. C'est aussi le genre de feu permettant aux hommes de tirer avec le plus de calme et de précision, et au chef de conserver le plus longtemps possible la discipline du feu. Mais l'efficacité d'un tir aussi lent est faible, par suite du petit nombre de balles tirées dans un laps de temps donné.

C'est pourquoi, au combat, le feu lent est employé de préférence dans les cas suivants : pendant une accalmie, dans le but de tenir l'adversaire en haleine; contre des objectifs restant longtemps vi-

lonté) doit être employé très rarement et avec beaucoup de circonspection.

Quand les troupes assaillantes se sont rapprochées de l'ennemi à portée de tir de but en blanc, le règlement

---

sibles, éloignés, peu vulnérables et d'une importance secondaire; enfin, quand il est indispensable de ménager les munitions, etc.

Si l'on veut encore modérer l'intensité du feu individuel sans le faire cesser complètement, on peut, dans chaque fraction, désigner les hommes (les meilleurs tireurs) qui devront continuer à tirer.

45. — Dans le feu individuel rapide, les hommes tirent sans se régler sur leurs voisins : chacun d'eux choisit de sa propre initiative le moment favorable pour tirer. Le chef doit seulement indiquer l'objectif (parfois, simplement son emplacement), la hausse et le point (ou les points) à viser (si la troupe est en ordre ouvert, il indique également la position du tireur), et faire les commandements nécessaires pour l'ouverture et la cessation du feu.

Quand le tir est exécuté à des distances qui ne sont pas supérieures à la portée de but en blanc, le chef se trouve souvent dans l'impossibilité de remplir les obligations ci-dessus énumérées; dans ce cas, les tireurs choisissent d'eux-mêmes les objectifs et le moment d'ouvrir le feu. Les hommes ne peuvent faire un usage judicieux de cette initiative et concourir au but commun imposé à leur fraction, que s'ils ont reçu une bonne éducation militaire et une instruction préparatoire suffisante, et s'ils ont du sang-froid au combat.

La vitesse du feu rapide ne peut pas être constante : elle est modifiée, au cours du combat, par les tireurs eux-mêmes, selon qu'ils ont plus ou moins de chances d'atteindre le but et suivant l'importance plus ou moins grande des objectifs. Chaque tireur doit cesser le feu de sa propre initiative s'il lui est impossible de toucher le but; par contre, il doit accélérer la vitesse de son tir quand l'objectif devient plus vulnérable ou plus menaçant.

Le chef règle l'intensité du feu, soit en prescrivant de tirer plus rapidement ou plus lentement, soit aussi en interrompant temporairement le feu de la fraction ou de tous les tirailleurs placés sous ses ordres.

Le feu rapide conserve une précision suffisante si sa vitesse ne dépasse pas 12 coups par homme à la minute.

A toutes les distances qui ne sont pas supérieures à la portée efficace du fusil, et surtout pendant les phases décisives du combat, le feu rapide, étant donnée sa très grande efficacité, peut être considéré comme le genre de tir le plus avantageux pour ébranler l'ennemi et préparer le choc à la baïonnette. Mais la conduite de ce feu est difficile; elle exige une instruction sérieuse de la part des chefs et des troupes.

46. — Le feu à cartouches comptées est une variété du feu rapide; il permet au chef de profiter des interruptions du tir pour corriger la hausse, changer le point à viser, diriger le feu sur

laisse les tirailleurs exécuter le feu à leur volonté ; toutefois, les chefs d'escouade et de section n'en ont pas moins l'obligation de diriger le feu conformément à la situation tactique et de désigner les objectifs les plus favorables. De plus, si le tir est désordonné, ces mêmes chefs doivent le régler en fixant le genre de feu à employer.

DÉFENSIVE

Le principal désavantage d'un combat défensif, même couronné de succès, est que, tout en arrêtant l'assaillant et en le retardant dans ses progrès, il ne parvient pas à l'ébranler et à l'anéantir, résultat qui n'est obtenu que par l'attaque. Pendant tout le cours du combat, le défenseur se trouve dans une anxiété continuelle ; il attend le choc de l'assaillant et ne peut disposer d'une seule minute à sa guise. Le combat moderne est très déprimant ; il exige en effet une tension excessive des nerfs, dure longtemps et ne laisse aucun repos au défenseur.

La bataille commençant à une grande distance, et l'assaillant utilisant habilement le terrain pour progresser, le défenseur ignore les intentions de l'adversaire, reste constamment dans l'attente de l'attaque et éprouve, de ce fait, une pénible impression qui l'affaiblit peut être plus que le combat proprement dit.

D'autre part, les armes à feu modernes à tir rapide, qui frappent tous les objectifs découverts, produisent, par contre, des effets à peu près nuls sur des troupes bien abritées et masquées. Aussi le défenseur s'efforce-t-il d'abriter chaque combattant et de le dérober aux vues de

---

d'autres objectifs, régler la consommation des munitions, déplacer les tirailleurs, etc.; d'une façon générale, il donne la possibilité de conserver en main la direction du feu. En outre, ses rafales soudaines produisent, comme le feu de salve, une forte impression morale sur l'ennemi.

l'adversaire, tout en lui donnant la possibilité d'exécuter le feu le plus intense.

Ainsi donc, le défenseur a l'avantage de pouvoir infliger à l'assaillant des pertes beaucoup plus élevées que celles qu'il subit lui-même ; mais il ne peut vaincre, c'est-à-dire terrasser et détruire l'adversaire qu'en passant à l'offensive.

Choix des positions.

Le choix de toute position défensive est précédé d'une reconnaissance qui, d'une façon générale, a pour but de déterminer :

1° L'étendue du champ de tir en avant de la position ;

2° Les espaces morts ;

3° La sûreté des flancs ;

4° La possibilité, pour les troupes, de se déplacer librement sur le front et sur les derrières de la position ;

5° Les points d'observation les plus favorables ;

6° Les cheminements conduisant à la position ;

7° La possibilité, pour les troupes, de se replier en sécurité, en cas d'abandon de la position.

L'assaillant, dans le but d'éviter les lourdes pertes que lui causerait une attaque de front, portera généralement son effort principal sur les flancs du défenseur ; ce dernier, s'attendant à une manœuvre enveloppante, allongera sa ligne de combat pour obliger ainsi l'adversaire à employer des forces plus élevées contre le front et à perdre plus de temps à exécuter son mouvement enveloppant, tandis que lui-même pourra prendre ses mesures pour s'y opposer. Ces mesures consisteront à faire manœuvrer judicieusement la réserve.

Avec la portée des armes à feu modernes, il est très désavantageux, pour le défenseur, d'occuper une position d'un front peu étendu. Il suffira à l'assaillant d'envelopper une pareille position d'un cercle de feux d'artillerie et de mousqueterie, exécutés respectivement à des distances de 4 verstes (4.264 mètres) et de 2.000 à 1.500 pas, pour infliger de grosses pertes au défenseur. La puissance des armes modernes à tir rapide permet au défenseur d'arrêter longtemps l'assaillant en avant d'une position à front étendu, même si celle-ci est faiblement occupée au début.

C'est en tenant compte de ces considérations que l'on organisera une position défensive.

L'étendue du front d'une position doit dépendre, tout à la fois, de la nature du terrain et de l'effectif du détachement. Selon la nature du terrain, le défenseur pourra faire occuper, par des compagnies et des unités supérieures, des secteurs ayant une étendue deux et même trois fois plus grande que celle indiquée par le Règlement de manœuvres.

Ainsi donc :

1° La position aura un front très étendu. Tout en donnant à son front une certaine extension, le défenseur n'est pas obligé de le faire occuper par une ligne continue de troupes et de retranchements ; la force de la défense réside dans le feu — qui peut être exécuté directement ou obliquement, peu importe — et dans la manœuvre de la réserve. C'est pourquoi, sur une position défensive organisée d'une façon normale, il doit exister des solutions de continuité dans le dispositif des troupes, avec des intervalles, bien battus par les secteurs voisins et permettant à la réserve de manœuvrer. De cette façon, la position organisée défensivement présentera une série de groupes de retranchements séparés par des espaces convenablement battus et se soutenant mutuellement par le feu.

Chacun de ces groupes de retranchements devra, autant que possible, être organisé pour recevoir une garnison de un ou deux bataillons, selon la nature du terrain. Si les groupes de retranchements sont disposés sur une ligne droite trop longue, il pourra leur être impossible de se soutenir mutuellement par le feu, et il sera en outre plus difficile d'utiliser le feu des mitrailleuses, dont l'emploi contre les flancs d'une troupe ennemie attaquant un secteur est si avantageux quand les groupes en question ont un front relativement peu étendu.

2° Le défenseur organisera sur ses flancs des positions retranchées qui seront échelonnées en arrière. De cette façon, les flancs de la position principale seront protégés contre un mouvement enveloppant ou tournant à petite envergure.

Les positions échelonnées devront être à une distance telle du flanc de la position principale que leur artillerie — ou leur infanterie, s'il n'y a pas d'artillerie — puisse protéger efficacement, par ses feux, la partie du front principal qui sera probablement enveloppée par l'ennemi.

Malgré l'existence des positions échelonnées en arrière des flancs, le défenseur a le devoir de s'opposer à toute manœuvre enveloppante, en passant, aussitôt qu'il en a la possibilité, à l'offensive.

3° Il y a lieu également d'organiser, sur les directions plus dangereuses ou ayant une certaine importance, des secteurs de seconde ligne et des positions de repli (pour les détachements plus forts), qui serviront de points d'appui aux réserves, au cas où le front de la position principale serait enfoncé par l'assaillant, et permettront de couvrir la retraite.

Mise en état de défense de la position.

Chaque groupe d'ouvrages de campagne comprend, sur le front de notre position, une série de retranchements interrompus et d'obstacles du sol organisés défensivement.

Les retranchements et ouvrages de campagne doivent être disposés de telle sorte que, si l'ennemi devient maître de plusieurs tranchées avancées, il tombe sous le feu des garnisons occupant les retranchements et ouvrages de campagne voisins qui sont plus résistants et constituent les points d'appui des secteurs. Tous ces retranchements et ouvrages de campagne doivent être reliés entre eux, dans le sens de la profondeur, par des boyaux de communication.

La longueur totale de la ligne de feu des ouvrages fortifiés de chaque groupe sera presque toujours supérieure à celle qui correspondrait au nombre de tirailleurs désignés pour les occuper. En outre, une partie des ouvrages de campagne entrera en action au moment où l'ennemi exécutera une attaque de front, tandis que l'autre partie sera destinée à repousser les mouvements enveloppants et à soutenir, par le feu, les secteurs voisins. Cette dernière partie des retranchements ne sera occupée qu'en cas de nécessité.

L'expérience de notre dernière guerre a démontré qu'il est très désavantageux de construire des retranchements sur une crête, pour les raisons suivantes : 1° existence d'espaces morts ; 2° visibilité des retranchements à une distance énorme et, par suite, plus grande facilité pour l'ennemi de régler son tir, ce qui entraîne de fortes pertes pour les défenseurs. Mais il y a avantage à élever des retranchements sur des hauteurs à pentes abruptes qui empêchent l'assaillant de régler son tir (les points de chute des coups trop longs lui sont cachés).

Des retranchements construits sur un versant sont déjà moins visibles et les espaces morts moins étendus.

Il est parfois avantageux d'élever des retranchements au pied d'une hauteur : ils sont difficiles à découvrir aux grandes distances ; les espaces morts n'existent plus ;

enfin, quand l'assaillant s'est rapproché de la position, le feu du défenseur est plus efficace.

Quand on construit des retranchements au pied d'une pente, il est bon d'organiser, sur la crête, des masques. L'adversaire ouvrira le feu sur ces derniers et ne découvrira qu'au bout d'un temps assez long les retranchements véritables existant au pied de la hauteur. Toutefois, ce procédé n'est admissible qu'à la condition d'avoir un bon champ de tir et de pouvoir faire avancer sans difficulté les renforts envoyés par les réserves établies en arrière. Si la chaîne est coupée de ses réserves, elle ne sera plus en liaison étroite avec l'ensemble du dispositif de combat, et les renforts, obligés de descendre à découvert, sous le feu de l'ennemi, subiront des pertes élevées.

Il est indispensable de se rappeler que tout retranchement doit assurer aux hommes une protection complète contre les balles des shrapnells, protection que l'on peut toujours obtenir : 1° en donnant à la tranchée une profondeur de 6 à 7 fouts (1m,82-2m,13) ; 2° en organisant des auvents ou des embrasures.

Les boyaux de communication en arrière sont presque aussi nécessaires que les retranchements eux-mêmes.

S'il existe sur le front de la position des obstacles du sol tels que arbres, constructions et petits bois, les retranchements destinés à abriter les chaînes de combat doivent être construits en avant ou sur les côtés de ces obstacles. Quant aux réserves, elles sont établies, si c'est possible, dans des plis du terrain ou même dans des retranchements élevés latéralement. Il ne convient pas de faire occuper les obstacles du sol pendant le combat d'artillerie aux grandes et aux moyennes distances, parce que l'ennemi, en concentrant le feu de plusieurs batteries sur ces obstacles, peut facilement les cribler de projectiles et infliger à leurs garnisons des pertes inutiles. Néanmoins, il est avantageux d'utiliser d'abord ces mêmes obstacles pour masquer les troupes qui se trouvent derrière, et, ensuite, de les faire occuper, comme points d'appui de la position (redoutes), seulement au moment où l'assaillant est tellement rapproché que ses batteries sont obligées de cesser le feu pour ne pas atteindre leurs propres troupes. Dans ce cas, ces redoutes permettent de défendre avec opiniâtreté les secteurs de la position qui sont occupés.

Chaque fois que c'est possible, la position est renforcée par des défenses accessoires : réseaux de fil de fer. abatis, etc...

En même temps que la position est mise en état de défense, on organise de la même façon, sur ses abords, des points d'appui dont la destination et la disposition seront indiquées plus loin.

Lors de l'occupation d'une position, l'infanterie ne peut pas toujours compter sur l'aide des sapeurs, qui ont pour mission de piqueter les ouvrages de campagne plus compliqués et les points d'appui importants. C'est pourquoi, à défaut d'officiers du génie, les officiers d'infanterie doivent, aussitôt la reconnaissance terminée, procéder eux-mêmes à la mise en état de défense de leur secteur.

Le chef de bataillon :

a) Donne les instructions concernant l'organisation défensive des abords de la position et répartit les travaux entre les compagnies ;

b) Combine le plus judicieusement possible la construction des retranchements et l'utilisation des obstacles du sol existant sur son secteur ;

c) Fait connaître aux commandants de compagnie l'importance de chacune des directions de tir, leur donne aussi les indications nécessaires pour assurer, d'une part, la concordance des travaux exécutés dans les secteurs de compagnie, d'autre part, l'organisation des liaisons et la construction des boyaux de communication.

Le *commandant de compagnie* détermine l'orientation et la longueur de la ligne de feu de chaque retranchement, indique comment doivent être utilisés les obstacles du sol et dirige les travaux qu'il répartit entre les sections.

Répartition de l'infanterie et de l'artillerie sur la position.

C'est à l'officier d'artillerie le plus ancien du secteur qu'il appartient de choisir les emplacements de batterie, de concert avec le commandant de son secteur, qui lui donne les indications concernant le mode de répartition de l'infanterie. Les batteries sont disséminées sur la position. Pendant le combat, les batteries doivent changer de position, selon les missions qui incombent à l'artillerie. *En conséquence, le tir de l'artillerie par-dessus l'infanterie amie est inévitable.*

On peut établir l'infanterie en avant de son artillerie :

1° A 300 sajènes (640 mètres) environ du front de la batterie, si le terrain est uni et quand l'artillerie tire à une distance supérieure à 900 sajènes (1.920 mètres) ;

2° A 100 sajènes (213 mètres) du front de la batterie, si son emplacement domine de 5 sajènes (10^{m},66) et plus le terrain sur lequel se trouve l'infanterie ;

3° A moins de 100 sajènes (213 mètres) du front de la batterie, si le terrain situé en arrière de l'infanterie masque cette dernière à l'artillerie. Dans ce dernier cas, la trajectoire la plus basse ne doit pas passer à moins de 5 sajènes (10^{m},66) au-dessus de l'infanterie.

Occupation des ouvrages d'infanterie sur la position.

La bataille moderne traîne en longueur ; elle dure parfois des jours et même des semaines.

Il n'est pas nécessaire que l'infanterie occupe tous les retranchements construits sur le front de la position, tant qu'on n'est pas complètement fixé sur le point d'attaque ou, tout au moins, sur la direction de marche de l'assaillant. Ce dernier tâtera longtemps la position, afin de connaître le dispositif des troupes qui l'occupent et de déterminer exactement ses flancs, etc. L'ennemi fera exécuter des reconnaissances, d'abord par des hommes isolés et des groupes d'éclaireurs, puis déploiera son avant-garde pour s'emparer des points avancés de la position. Pendant le combat qui s'engagera autour de ces points avancés, la position sera occupée par les fractions de service des troupes affectées à la défense du secteur. L'artillerie ennemie ouvrira le feu pour obliger le défenseur à se découvrir. Pendant toutes ces opérations préliminaires, il est absolument inutile d'exposer les hommes aux coups de l'ennemi en faisant occuper immédiatement tous les retranchements. En outre, il sera difficile de faire sortir une troupe déjà installée dans les tranchées pour l'envoyer, sous le feu, occuper d'autres secteurs ; elle subirait des pertes élevées.

Quand l'assaillant déploiera ses chaînes de combat en face de la position proprement dite, le défenseur ira occuper tous les retranchements en utilisant les boyaux de communication. A ce moment, le défenseur aura tout intérêt à porter d'un seul coup sur la ligne de combat le plus grand nombre possible de fusils, afin d'impressionner l'ennemi par la puissance de son feu dès qu'il commencera à tirer même aux grandes distances.

Points avancés occupés par des avant-postes.

L'occupation de points avancés a pour but :

1° De gêner les reconnaissances de l'ennemi et de le tromper en ce qui concerne la répartition des troupes sur la position ;

2° D'obliger l'adversaire à montrer en partie ses propres forces.

Généralement, la position choisie par le défenseur se trouvera en avant des troupes désignées pour l'occuper ; c'est pourquoi elle devra être couverte par des détachements de sûreté et par une ligne de petits postes assurant la sécurité du gros des troupes. Ces détachements de sûreté, c'est-à-dire les petits postes et la réserve des avant-postes, devront aussi constituer les garnisons des points avancés.

Ces points avancés seront organisés soit sur la ligne des grand'gardes, soit à hauteur de la réserve des avant-postes, selon que ce sera plus avantageux pour la défense. On désignera à l'avance les petits postes ou les compagnies entières — fournies par les secteurs du service de sûreté ou par la réserve générale — qui devront occuper ces points (art. 266 du Règlement sur le service en campagne). De cette façon, il existera en avant de la position une série de points occupés par des sections, des pelotons et des compagnies, reliés entre eux et ayant pour mission non seulement de repousser les reconnaissances de l'ennemi, mais aussi d'obliger son avant-garde à se déployer.

Il est inutile d'établir des canons sur les points avancés, car, grâce à la portée de l'artillerie moderne, les batteries de la position principale pourront, aussitôt que les détachements de sûreté se replieront sur les points avancés qui leur sont affectés, les soutenir de leurs feux.

Les points avancés doivent être défendus avec la plus grande énergie, tant qu'on n'est pas complètement fixé sur les forces de l'assaillant et tant qu'il est possible de résister. La défense des points avancés incombe exclusivement au détachement qui a été désigné pour les occuper ; elle ne doit pas être appuyée par des fractions appartenant à la réserve des troupes de la position principale.

Lorsque les détachements qui occupaient les points avancés se replient, ils doivent éviter, autant que possible, de masquer les feux des troupes de la position principale.

Feu et mode d'action de l'infanterie dans les retranchements et ouvrages de campagne.

Lors de l'occupation de la position, l'infanterie mesure immédiatement et repère les distances de tir jusqu'aux obstacles du sol visibles, mouvements de terrain remarquables, et les résultats obtenus sont inscrits sur des planchettes placées sur la ligne de feu des retranchements.

Il appartient aux chefs de section et d'escouade de faire connaître à tous les tirailleurs le terrain situé en avant et les distances de tir.

On organise dans les retranchements des niches pour y mettre des caisses en zinc remplies de cartouches.

Malgré la portée de notre fusil, le feu de mousqueterie produira peu d'effet aux grandes distances. Il en sera ainsi parce que l'ennemi, utilisant le terrain pour progresser, ne pourra pas être facilement distingué, même à de faibles distances. Aux distances extrêmes, c'est-à-dire à 2.500 et 3.000 pas, le feu de mousqueterie pourra occasionner des pertes sensibles à une troupe en colonne restant à découvert ou à une batterie. Seul un ennemi inhabile présentera de pareils objectifs ; mais, le cas échéant, notre artillerie en batterie sur la position leur enverra immédiatement un ouragan de projectiles. En pareille circonstance, un feu d'infanterie exécuté à une grande distance serait peu efficace.

Aux grandes distances, l'infanterie de la défense peut tirer :

1° Sur des groupes d'éclaireurs cherchant à s'approcher de la position ou de ses flancs ;

2° Sur les observateurs et officiers exécutant personnellement une reconnaissance.

Toutefois, il ne faut exécuter des feux aux grandes distances qu'avec une certaine parcimonie, sinon on dévoilerait aux partis ennemis envoyés en reconnaissance tout le front de la position. C'est pourquoi la mission de repousser les éclaireurs adverses incombe aux pelotons détachés en avant et sur les flancs, mais non à la ligne principale de la défense.

Si les distances ont été *mesurées*, on peut ouvrir le feu : sur des sections se présentant à découvert et des unités plus fortes, à partir de 2.500 pas; sur des groupes d'hommes et sur des chaînes debout, à partir de 1.500 pas ; sur des hommes isolés debout et sur une chaîne couchée, à partir de 1.000 pas ; sur des hommes isolés couchés, à partir de 600 pas. Sur des objectifs peu importants et n'apparaissant que pendant un court instant, le feu n'est ouvert qu'à des distances plus petites. Etant donné qu'à ce moment le défenseur peut être fortement impressionné moralement par le feu d'artillerie de l'assaillant, il convient, selon les circonstances, de faire prendre à la troupe des hausses plus faibles que celles correspondant aux distances énumérées ci-dessus et de régler l'intensité du feu en employant les procédés indiqués par le règlement.

Si le défenseur a apprécié exactement les distances, vise bien et dispose d'un nombre de cartouches suffisant, il ne doit pas ménager ses munitions : la force principale de la défense réside dans le feu. Mais, d'un autre côté, un tir désordonné augmente les forces morales de l'assaillant.

L'intensité du feu doit augmenter au fur et à mesure que l'ennemi se rapproche et atteindre son maximum aux petites distances.

Jusqu'au dernier moment, les défenseurs d'un retranchement ou d'un ouvrage de campagne restent à leurs places pour recevoir l'assaillant et tirent sans sauter sur le parapet, sinon ils s'exposeraient à subir des pertes énormes.

Les défenseurs doivent toujours être animés du désir de passer à une offensive partielle aussitôt qu'une occasion favorable se présentera et sans attendre un ordre général, à la condition toutefois que les circonstances le permettent, afin de ne pas s'exposer à être battus isolément. L'occasion sera favorable quand l'attaque manifestera de la faiblesse sur un point donné. Les indices de cette faiblesse seront : l'apparition d'une fraction qui s'avancera témérairement, sans être soutenue par les troupes voisines ou par une réserve ; la diminution de l'intensité du feu ; l'arrêt ou la mollesse de l'attaque ; l'absence de protection des flancs ; les préparatifs d'un mouvement de retraite, etc.

Mission et emplacements des réserves.

Les réserves particulières des troupes dont les flancs sont protégés par le dispositif d'autres unités ou par le terrain ont pour unique mission de réparer les pertes et d'exécuter ou de repousser un assaut sur le front.

La densité des chaînes de combat doit être portée à son maximum au moment même où le défenseur occupe la position ; une compagnie agissant encadrée dans le dispositif général d'un groupe d'unités peut ne pas avoir de soutiens.

Si les réserves particulières de bataillon (de groupe) et les réserves plus fortes peuvent être abritées contre le feu dirigé sur les chaînes, il est avantageux de les rapprocher du front pour qu'il leur soit plus facile de soutenir ces chaînes.

Si l'un des flancs est découvert, la réserve est disposée en partie ou en totalité derrière le flanc menacé.

Au fur et à mesure qu'une unité de combat subit des pertes pendant le cours de la bataille, elle est renforcée par des escouades, sections ou compagnies tirées de sa réserve particulière.

Quand l'assaillant s'apprête à s'élancer à la baïonnette sur un retranchement ou un ouvrage de campagne, il ne faut pas renforcer la ligne de feu en y jetant inutilement les réserves particulières.

La réserve ou bien entre dans l'ouvrage de campagne et reçoit à la baïonnette l'ennemi qui y fait irruption, ou bien se jette sur son flanc, en dehors de cet ouvrage de campagne.

La réserve générale est destinée à porter ou à repousser le choc principal qui généralement sera dirigé sur les flancs de l'adversaire.

La réserve générale doit être d'autant plus forte que la situation est moins éclaircie.

La réserve générale se tient aujourd'hui plus loin qu'autrefois de la ligne de combat.

Dans la défensive, si la réserve générale se trouve trop près de l'unité de combat, le défenseur se verra obligé, à son désavantage, de replier son flanc pour s'opposer à tout mouvement enveloppant que pourra tenter l'assaillant.

Ce dernier aura alors la possibilité de battre les troupes du défenseur formant une masse, de les entourer, de leur envoyer des feux d'écharpe et de les couper de leur ligne de retraite. Le plus sûr moyen de s'opposer aux mouvements enveloppants de ce genre sera de donner à la réserve générale un dispositif assez profond. De cette façon, les unités de cette réserve générale chargées de la contre-attaque pourront agir contre le flanc des troupes ennemies exécutant la manœuvre enveloppante.

Enfin, si la réserve générale est trop près du lieu du combat, les hommes peuvent être émotionnés par le spectacle parfois terrifiant qu'offre la bataille moderne ; la vue des blessés et leurs gémissements agiront fortement sur les nerfs de la troupe.

La réserve générale devra donc se tenir à proximité du flanc menacé. Si les deux flancs sont découverts, il conviendra d'établir une réserve particulière plus forte derrière celui qui sera le moins important ou le moins en danger. La profondeur du dispositif de la réserve sera déterminée par le développement du front de la position et par les cheminements les plus commodes pour se porter dans la direction des flancs ou des points de la position les plus menacés.

Soutien d'artillerie.

Il ne convient pas de désigner un soutien d'artillerie spécial et permanent, c'est-à-dire restant affecté à un groupe de batteries aussi bien pendant le combat qu'en marche et en stationnement. Le soin de protéger l'artillerie incombe au chef du secteur de combat. Si aucun soutien n'a été affecté à l'artillerie pendant le combat, c'est le devoir des unités les plus proches — y compris la compagnie la plus voisine — d'assurer la sécurité de cette arme. Le soutien — et l'on doit considérer comme tel toute unité d'infanterie ayant reçu la mission spéciale de protéger l'artillerie pendant le combat — est placé sous les ordres du commandant des batteries dont il doit assurer la sécurité.

Toute troupe d'infanterie chargée de protéger l'artillerie doit, si des attaques ennemies sont à craindre de plusieurs côtés, se préparer des positions dans les directions les plus menacées. Afin de pouvoir découvrir le danger en temps opportun, le soutien envoie dans les directions menacées des patrouilles de reconnaissance et des observateurs qui agissent de concert avec les éclaireurs d'artillerie.

Liaison.

La grande étendue des champs de bataille modernes et la profondeur des dispositifs de combat entraînent la nécessité d'une solide organisation de la liaison en largeur et en profondeur. La liaison permet d'échanger rapidement et en temps opportun les renseignements, les rapports et les ordres. Au combat, tout chef a l'obligation de remplir la mission qui lui est confiée en se basant sur la situation du moment ; il est donc nécessaire qu'il soit renseigné le plus exactement possible sur tout ce qui se passe dans les unités placées directement sous ses ordres et dans les troupes voisines.

La liaison est assurée :

a) Par la transmission, au moyen d'estafettes, de messages écrits ou verbaux ;

b) Par une chaîne de postes montés et non montés ;

c) Par la signalisation au moyen de fanions (lanternes) ;

d) Par le téléphone et le télégraphe ;

e) Par l'envoi, dans les unités voisines, d'officiers choisis et d'hommes particulièrement alertes.

a) La transmission des messages au moyen d'estafettes à pied, à cheval ou à bicyclette se fera pendant toutes les phases du combat. Mais si les estafettes ont une grande distance à franchir et doivent traverser la zone du feu de mousqueterie efficace, la liaison ne sera pas suffisamment assurée, parce qu'on n'aura pas la certitude que ces estafettes puissent arriver à destination.

b) Dans la zone du feu de mousqueterie, il sera plus avantageux de remplacer les estafettes par une chaîne que l'on établira dans les directions où la liaison est indispensable. Cette chaîne sera constituée par un certain nombre de postes séparés par des distances faciles à franchir au pas ordinaire ou même au pas de course. Chaque poste sera installé à couvert et à l'abri du feu, de telle sorte qu'il puisse, autant que possible, s'assurer que le planton porteur d'un message a atteint le poste voisin. La chaîne de liaison pourra être employée de préférence entre les commandants de compagnie et de bataillon et les commandants des régiments, pour relier les chefs des secteurs d'infanterie du dispositif de combat à l'artillerie qui les soutient, aux postes d'observation et aux patrouilles détachées en avant et sur les flancs.

c) L'emploi de la signalisation par fanions (lanternes) est nécessaire pour diriger le dispositif de combat des compagnies, bataillons et régiments, même si la liaison est déjà assurée par le téléphone et par des chaînes ; elle sert à compléter ces derniers moyens, à moins que la nature du terrain ne s'y prête pas.

L'emploi de la signalisation par fanions, aussi bien dans les grandes unités qu'en dehors du champ de bataille, est déterminé par les circonstances.

C'est à l'unité inférieure qu'il appartient de se relier à l'unité supérieure en organisant la liaison des postes intermédiaires et des postes terminus au moyen de chaînes et de fanions. Quant à la liaison de l'infanterie avec l'artillerie et les points d'observation, elle doit être établie par le commandant du secteur d'infanterie.

Quand on emploie la signalisation par fanions, les chaînes de liaison peuvent être très utiles pour la transmission exacte des messages écrits les plus importants.

d) La quantité de fil téléphonique dont sont dotés réglementairement les régiments d'infanterie, les états-majors de division et de corps d'armée indique que c'est à l'échelon hiérarchique le plus élevé qu'il incombe de se relier avec l'échelon inférieur. En effet, le régiment, n'ayant à sa disposition que 8 verstes (8.528 mètres) de fil et cinq appareils, peut à peine assurer le service de liaison dans son propre dispositif de combat ; il lui faut relier le commandant du régiment avec les chefs de bataillon éloignés, avec le secteur d'artillerie et avec les fractions du régiment chargées de missions spéciales : occupation de points avancés, mouvement enveloppant ou tournant, protection des flancs, etc.

Dans l'offensive, la liaison téléphonique s'effectue à peu près de la façon suivante :

a) Le poste central de l'état-major de la division est installé un peu en avant ou en arrière de la ligne des batteries, c'est-à-dire à 3 ou 4 verstes (3.198-4.264 mètres) de la position ennemie. Le fil reliant le poste central de la division aux commandants de brigade, directement ou par l'intermédiaire des postes centraux des régimennts, doit être fourni par la division. Le régiment installe son poste central, par exemple, à une distance de 1 verste 1/4 à 1 verste 3/4 (1.332-1.864 mètres) de la position ennemie, distance qui correspond à celle où son dispositif de combat s'arrête sur la première position de feu. Au fur et à mesure que les troupes progressent, le fil du poste central du régiment est déroulé derrière le commandant du régiment, derrière le commandant de la brigade et derrière les chefs de bataillon auxquels on a l'intention de donner le service du téléphone.

Le commandant de la brigade se tient en communication : au moyen d'estafettes montées, avec la tête du fil de la division qui suit la brigade ; au moyen également d'estafettes montées ou de fanions, avec les unités du dispositif de combat placées sous ses ordres. A 1 verste 1/2 (1.600 mètres) de l'ennemi, la marche des estafettes montées pourra devenir impossible (à cause du feu de mousqueterie de la défense). Dans ce cas, une liaison téléphonique sera établie, au moyen du poste central du régiment, entre le commandant de la brigade et les régiments, et entre les commandants de régiment et les bataillons.

Un schéma de la liaison téléphonique dans la division est donné plus loin à titre d'exemple.

Lorsque les troupes vont occuper une nouvelle position, les commandants de bataillon, de régiment et de brigade, ainsi que le commandant de la division, se tiennent en communication avec la tête de leur téléphone au moyen de plantons, d'une chaîne de liaison ou de fanions, en attendant que le fil soit prolongé jusqu'à eux.

La liaison entre unités voisines doit s'effectuer de préférence par l'intermédiaire du poste central de leur échelon hiérarchique le plus élevé (les régiments, par le poste central de l'état-major de leur division). C'est seulement quand il s'agit d'établir la liaison avec des régiments d'une autre division ou d'un autre corps d'armée que le fil reliant entre eux les postes centraux de ces régiments peut être employé. Un régiment établi à une aile du dispositif de combat doit être relié par le téléphone avec le détachement envoyé en observation sur le flanc.

En outre, les régiments doivent, autant que possible, être reliés directement, par un fil téléphonique, au commandant de l'artillerie de leur secteur.

Dans la défensive, le schéma de la liaison téléphonique sera le même, avec cette différence qu'il aura moins de profondeur, mais plus de largeur ; une partie du fil du régiment sera employée à organiser la liaison avec les points avancés et, si possible, avec les points d'appui du secteur. Dans ce cas, on pourra utiliser les postes téléphoniques de réserve du régiment.

SCHÉMA DONNÉ A TITRE D'EXEMPLE

L'état-major de la division peut être relié :

a) Au commandant de la brigade, directement ou par l'intermédiaire du poste central d'un des régiments de la brigade (un à deux appareils et 4-5 verstes de fil) ;

b) A un régiment, directement (un appareil et 1-3 verstes de fil) ;

c) A l'endroit où se tient le commandant de la division (un appareil et 2 verstes de fil) ;

d) A la division voisine (un appareil et 3-4 verstes de fil) ;

Le poste central dispose d'un appareil et de 4 verstes de fil.

Le régiment est relié :

a) A un ou deux bataillons (un ou deux appareils et 2-3 verstes de fil) ;

b) Au commandant du régiment (un appareil et 1 verste de fil) ;

c) Au commandant de la brigade (un appareil et 1 verste de fil) ;

d) Au régiment voisin, ou aux observateurs placés sur le flanc, ou à l'artillerie (un appareil et 1 verste de fil).

Le poste central dispose d'un appareil et de 2-3 verstes de fil.

c) Il est nécessaire, pour établir la liaison, d'envoyer des officiers dans les secteurs de combat du régiment voisin et de leur division. Il y a avantage à envoyer aussi des observateurs — pris parmi les hommes des bataillons et des compagnies — dans les unités voisines correspondantes du dispositif de combat *d'un autre régiment*, quand il est impossible d'apercevoir directement ces dernières pour les raisons suivantes : nuit, éloignement, terrain couvert, etc. Ces observateurs restent auprès du chef du secteur voisin aussi longtemps que ce dernier est en contact tactique avec leur propre secteur ; ils doivent avoir les moyens d'envoyer des rapports.

Il ressort des indications citées ci-dessus, concernant le schéma de la liaison téléphonique, qu'il est difficile de donner des règles absolument fixes sur la manière d'organiser cette liaison, notamment parce que la quantité de fil et d'appareils dont disposent les régiments est limitée, et aussi parce que la pose des fils sous un feu efficace n'est pas chose facile. Parfois, il y aura lieu de renoncer à la liaison téléphonique avec les chefs des bataillons les plus proches, pour se relier plutôt avec les unités voisines du dispositif de combat ou avec l'artillerie quand cette liaison ne sera pas suffisamment assurée par d'autres moyens.

Tous les procédés de liaison indiqués plus haut doivent

être employés, dans la mesure du possible, aussi bien par l'assaillant que par le défenseur.

Dans chaque bataillon, régiment et division, il est absolument nécessaire de charger spécialement de la liaison un officier (adjudant-major) qui veillera personnellement au bon fonctionnement de ce service et en rendra compte au chef de son unité. Il est indispensable que cet officier ait du coup-d'œil et une grande pratique des manœuvres, afin qu'il puisse employer judicieusement les différents moyens de liaison dans les directions voulues, dans des conditions offrant toute sécurité et en temps opportun.

ORGANISATION DU SERVICE DE RECONNAISSANCE

Aussitôt que la cavalerie amie a disparu du front, la mission de reconnaître et d'observer directement l'ennemi incombe exclusivement à l'infanterie, et cela jusqu'au moment où, le combat étant terminé, la distance qui sépare les adversaires permet aux troupes montées de remplir de nouveau cette tâche. Il ne faut pas oublier que, dès que les partis opposés se seront rapprochés à portée de canon, c'est-à-dire à une distance de 5 à 6 verstes, la cavalerie de corps, ou la cavalerie divisionnaire disparaîtra du front pour aller opérer sur les flancs, et que l'infanterie devra dès lors assurer le service de reconnaissance avec ses seules ressources. Ce sera donc aux chefs de l'infanterie qu'incombera exclusivement l'organisation du service de reconnaissance tant que l'on sera en contact tactique avec l'ennemi.

RECONNAISSANCE AVANT LE COMBAT

a) La reconnaissance avant le combat, n'exigeant pas que l'on attaque de vive force le dispositif ennemi, doit être exécutée par des officiers agissant isolément ou avec de petites patrouilles montées et non montées.

Il y a avantage à charger de la reconnaissance plutôt des observateurs spéciaux que des détachements ; de cette façon, elle sera exécutée plus discrètement et par des officiers plus aptes à voir clair dans la situation. Mais il est nécessaire de préparer à ce service un nombre suffisant d'officiers de cavalerie et d'infanterie. Tous les adjudants-majors de bataillon doivent être capables de remplir des missions de ce genre ; c'est le seul moyen pour eux de justifier aujourd'hui leur situation d'officiers montés.

b) Lorsque les pelotons d'éclaireurs ont à exécuter une reconnaissance dans les secteurs qui leur sont affectés, ils emploient les procédés qu'on leur a enseignés pendant les exercices du temps de paix. Les pelotons d'éclaireurs ont un effectif assez élevé pour pouvoir pénétrer de vive force en un point du réseau de sûreté ennemi, non seulement sur ses flancs, mais aussi sur son front, à condition toutefois qu'ils agissent avec rapidité et habileté. Si ces pelotons d'éclaireurs avaient pour consigne d'exécuter leur mission en évitant toujours tout engagement avec l'adversaire, ils seraient obligés de faire de longs détours pour gagner les flancs du dispositif ennemi et, comme les fronts de combat des armées et même des corps d'armée sont aujourd'hui très étendus, les résultats de la reconnaissance parviendraient trop tard au commandement.

La réunion des renseignements fournis par les pelotons d'éclaireurs et par les officiers montés (adjudants-majors de bataillon) permettra au commandant de voir suffisamment clair dans la situation.

Dans le but de ménager les forces des pelotons d'éclaireurs, il faudra éviter de les pousser à plus d'une demi-journée de marche en avant des avant-gardes. Au delà de cette distance, le service de reconnaissance incombe à la cavalerie stratégique et aux escadrons de corps d'armée (cavalerie divisionnaire).

Les reconnaissances qui nécessitent un combat pour vaincre la résistance de l'adversaire sont exécutées par les avant-gardes.

Lorsque les pelotons d'éclaireurs opérant sur le front de la position sont rejoints par les éléments constituant le dispositif de combat de l'avant-garde, ils doivent, à moins d'ordre contraire, continuer à remplir leur mission en liaison avec cette dernière. Ces pelotons d'éclaireurs doivent aussi, quand ils se trouvent éloignés de leur régiment, rallier l'unité de l'avant-garde la plus proche, et se mettre sous les ordres de son chef qui profitera des renseignements qu'ils auront déjà recueillis sur l'ennemi.

Il est indispensable d'adjoindre aux éclaireurs un nombre suffisant de cavaliers qui organiseront la liaison avec le gros des troupes. Il est évident, en effet, que l'arrivée, en temps opportun, des rapports fournis par les éclaireurs, a autant d'importance que l'art d'exécuter la reconnaissance elle-même. Généralement les cavaliers, dont il est question ci-dessus, seront fournis par la cavalerie de corps ou par les escadrons divisionnaires, attendu que les pelotons d'estafettes sont numériquement trop faibles pour assurer ce service.

c) Avant que le combat soit engagé, le commandant de chaque unité a l'obligation de reconnaître personnellement, dans la direction où il est appelé à agir, non seulement le terrain, mais aussi le dispositif de l'ennemi.

Si l'on prépare à l'avance un combat offensif ou défensif, il est nécessaire d'envoyer sur le terrain des opérations le plus grand nombre possible de commandants de compagnie et de bataillon, pour qu'ils puissent étudier le secteur probable sur lequel ils auront à agir.

Lorsqu'on se rapproche de l'ennemi, tout chef — y compris les commandants de compagnie et de bataillon —

doit, aussitôt qu'il est fixé sur sa mission particulière, gagner, à pied ou à cheval, les points d'où il lui sera le plus facile d'observer le terrain, et chercher à voir clair dans la situation ; la perte de temps qui en résultera sera largement compensée plus tard par la sûreté avec laquelle pourra manœuvrer sa troupe.

RECONNAISSANCE PENDANT LE COMBAT

Même lorsque les troupes ont pris la formation de combat, la reconnaissance continue à être assurée sans interruption par les chefs des différents secteurs de combat, y compris les commandants de compagnie. Cette reconnaissance s'effectue de la façon suivante :

a) Observation personnelle du terrain et de l'ennemi, d'où nécessité pour le chef, le cas échéant, de se porter en avant. Cette prescription concerne tous les officiers supérieurs, les commandants de compagnie et même les chefs de section.

b) Envoi, sur le front et sur les flancs, d'hommes spécialement choisis, qui occupent les points les plus favorables à l'observation. Tous les chefs des secteurs de combat, jusques et y compris les commandants de compagnie, doivent se conformer à cette prescription. Les hommes recevant l'instruction spéciale d'observateurs de compagnie et de bataillon doivent être pris dans chaque compagnie, en dehors des pelotons d'éclaireurs, qui, généralement, seront employés par les commandants de régiment.

Remarque. — Il appartient aux chefs de corps de doter les éclaireurs et les observateurs du plus grand nombre possible de jumelles.

PROTECTION DES FLANCS

Les mouvements enveloppants et tournants étant aujourd'hui des manœuvres normales qui sont aussi avantageuses pour le défenseur que pour l'assaillant, la protection des flancs a acquis une importance encore plus grande qu'autrefois. Il est impossible de se borner à envoyer exclusivement des escadrons sur les flancs ; indépendamment de la cavalerie qui a pour mission d'exercer une surveillance active et plus lointaine, les détachements supérieurs au bataillon doivent avoir sur leurs flancs des groupes d'éclaireurs à pied appuyés par des postes d'infanterie. De plus, pendant la nuit, il faut, pour soutenir ces postes, détacher sur les flancs menacés des fractions plus fortes fournies par les réserves particulières des unités placées aux ailes du dispositif de combat. Ces fractions reconnaîtront le terrain pendant le jour et se retrancheront ou occuperont des points d'appui organisés défensivement en temps opportun pour assurer la sécurité des flancs de la position.

La même mesure doit être prise pour mettre à l'abri d'une surprise les intervalles du dispositif de combat dont la défense est uniquement basée sur la liaison par le feu.

Les fractions désignées ci-dessus, pour assurer la sécurité des flancs ou des intervalles, serviront ultérieurement de base aux réserves qui entreront en ligne.

Les plus petits détachements, qui se couvrent seulement par des patrouilles à pied, doivent envoyer ces dernières au moins à 800 ou 1.000 pas de leurs flancs, afin d'être avisés en temps opportun de tout mouvement enveloppant tenté par l'ennemi et de pouvoir y parer en faisant intervenir leur réserve. Il importe au plus haut point que le commandant du détachement soit bien relié avec les hommes chargés de surveiller les flancs. Dans l'infanterie, les renseignements émanant des observateurs placés sur les flancs pourront arriver à destination trop tard s'ils sont portés par des plantons ; l'emploi de la signalisation optique et du téléphone (si c'est possible) sera toujours préférable.

MITRAILLEUSES

Le feu des mitrailleuses a la même importance que le feu rapide de l'infanterie. La principale mission des mitrailleuses est de soutenir l'infanterie de son feu, quand cette arme donne ou repousse un assaut, c'est-à-dire lorsque le feu de mousqueterie des tirailleurs est insuffisant et que l'artillerie diminue l'intensité de son feu ou cesse de tirer par crainte d'atteindre les troupes amies, soit, à partir de 800 ou 900 pas et aux distances inférieures. Aux grandes distances, les mitrailleuses n'ouvrent le feu que pour battre certaines zones et à la condition que les objectifs soient très favorables.

Il est avantageux d'adjoindre des mitrailleuses aux avant-gardes et aux arrière-gardes, d'en mettre en batterie sur les points menacés ayant une importance spéciale, d'en pourvoir les petites unités d'infanterie chargées d'exécuter un mouvement enveloppant, enfin de les employer pour battre les cheminements particulièrement favorables à l'ennemi et les défilés.

Dans l'*offensive*, les mitrailleuses marchent avec les réserves particulières et se dissimulent le plus possible ; elles vont se placer sur la ligne de combat lorsque les troupes assaillantes entrent dans la zone du feu de mousqueterie efficace, ou même quand elles atteignent la dernière position de feu, alors qu'il devient nécessaire, pour que l'infanterie puisse progresser, d'augmenter l'intensité du feu, et surtout au moment où l'artillerie est obligée de cesser de tirer. Lors de l'assaut, il y aura avantage à établir les mitrailleuses sur les flancs des secteurs de combat, pour qu'elles puissent soutenir de leur feu l'infanterie assaillante. Toutefois, elles devront éviter de se porter en avant de la ligne de combat pour ne pas gêner cette dernière.

Dans *la défensive*, les mitrailleuses qui se trouvent sur

la ligne de combat doivent, tant qu'elles n'entrent pas en action, être complètement à l'abri du feu de l'artillerie, mais, par contre, ne pas hésiter à se découvrir pendant l'assaut. Il est utile de donner aux mitrailleuses la possibilité de battre par des feux de flanc les cheminements conduisant non seulement à leur secteur (groupe), mais aussi aux secteurs voisins. A cet effet, il est nécessaire de préparer pour les mitrailleuses deux ou trois emplacements qui seront réunis par des communications sûres.

PLACES DES CHEFS PENDANT LE COMBAT

Pendant les manœuvres du temps de paix, les chefs doivent occuper les mêmes places que dans un combat réel. Les officiers montés mettent pied à terre lorsque les troupes arrivent dans la zone du feu de mousqueterie efficace.

Les chefs se tiennent à l'intérieur du dispositif de combat de leurs unités ; le commandant de compagnie marche à la même allure que sa troupe, qu'elle s'avance au pas ordinaire ou au pas de course.

Dès le temps de paix, les chefs doivent donner l'exemple à leurs hommes en ce qui concerne l'utilisation du terrain, et se dérober personnellement aux vues et aux coups de l'adversaire. Toutefois, ils s'abriteront seulement derrière les couverts d'où il leur sera le plus commode, tout à la fois, de diriger leur unité et d'observer l'ennemi.

Pour abriter les chefs, il sera souvent nécessaire d'avoir recours à des retranchements et à des masques, dont la construction incombera aux hommes qui accompagnent ces chefs pendant le combat. Il faut donc que ces hommes prennent, dès le temps de paix, l'habitude d'abriter leurs chefs.

TABLE DES MATIÈRES

Paris et Limoges. — Imprimerie militaire Henri CHARLES-LAVAUZELLE.

Librairie Militaire Henri CHARLES-LAVAUZELLE

PARIS ET LIMOGES.

Guerre franco-allemande de 1870-71, par le commandant Ch. ROMAGNY, ancien professeur de tactique et d'histoire à l'Ecole militaire d'infanterie. — Gr. in-8° de 392 pages, avec un atlas de 30 cartes-croquis ... 7 50

La guerre franco-allemande de 1870-1871. Histoire politique, diplomatique et militaire, par A. WACHTER (édition remaniée et augmentée).

TOME I. — *De la déclaration de guerre à la chute de l'Empire.* — Fort vol. grand in-8° de 460 pages ... 5

TOME II — *De la chute de l'Empire à l'armistice du 28 janvier 1871.* — Fort vol. grand in-8° de 492 pages ... 5

ATLAS contenant 10 cartes grand format, en couleurs, des théâtres d'opérations ... 5

Correspondance militaire du maréchal de Moltke. GUERRE DE 1870-1871 (*seule traduction française autorisée.*)

1er VOLUME. — **La guerre jusqu'à la bataille de Sedan.** — Grand in-8° de XX + 352 p., 3 croquis, 1 carte en noir et 1 fac-simile hors texte. 12

2e VOLUME. — **Du 3 septembre 1870 au 27 janvier 1871.** — Grand in-8° de XXVII + 318 pages. ... 10

3e VOLUME. — **L'armistice et la paix.** Grand in-8° de XXII + 316 p. 10

4e VOLUME. — **Guerre de 1864.** Grand in-8° de XIV + 340 pages ... 10

5e VOLUME. — **Guerre de 1866.** Grand in-8° de XXVIII + 530 pages. 16

Sans armée (1870-1871), *souvenirs d'un capitaine*, par le commandant KANAPPE. — Volume in-8° de 336 pages ... 3 50

Les vaillantes chevauchées de la cavalerie française pendant la guerre franco-allemande de 1870-1871, par Louis YVERT. Ouvrage précédé d'une lettre autographe de M. le général DE GALLIFFET. — Volume in-8° de 224 pages ... 3

La brigade Bellecourt à l'armée du Rhin (Des attaques en masse au ravin de la Cuve, à Vernéville, à Servigny), par le colonel DE COURSON DE LA VILLENEUVE, commandant le 13e d'infanterie. — Volume in-8° de 110 pages, avec 4 cartes ... 3 50

GUERRE DE 1870-1871. — **Le combat de Peltre-sous-Metz** (27 septembre 1870), par un officier de l'armée du Rhin. — Brochure in-8° de 34 pages, avec 1 carte hors texte ... 1 50

L'armée de Metz, 1870, par le colonel THOMAS. — Volume in-8° de 252 pages orné d'un portrait et de deux cartes, broché ... 3 »

Les combats autour de Metz en 1870 pendant le blocus et leurs enseignements tactiques, par le major Waldor DE HEUSCH, ancien professeur d'art et d'histoire militaires à l'Ecole militaire de Bruxelles. (Extrait de la *Revue de l'Armée Belge*). — In-18 de 96 pages, 3 croq. h. texte ... 2 50

Le 4e corps de l'armée de Metz (19 juillet-27 octobre 1870), par le lieutenant-colonel breveté ROUSSET, professeur de tactique appliquée à l'Ecole supérieure de guerre. — Vol. grand in-8° de 384 pages, avec un portrait en héliogravure du général de Ladmirault et cinq cartes h. texte ... 7 50

La défense nationale dans le Nord, en 1870-71, *Recueil méthodique de documents*, par Camille LÉVI, chef de bataillon breveté. — Vol. in-8° de 706 pages, avec un croquis dans le texte et deux grandes cartes hors texte ... 7 50

La France et l'Allemagne devant le droit international pendant les opérations militaires de la guerre de 1870-71, par le lieutenant Amédée BRENET, des chasseurs alpins, docteur en droit, avec une préface du capitaine DANRIT. — Volume in-8° de 308 pages ... 7 »

Souvenirs personnels de Verdy du Vernois, au grand quartier général 1870-71, par SOUBISE. — Volume in-8° de 304 pages ... 5 »

3

www.ingramcontent.com/pod-product-compliance
Lightning Source LLC
LaVergne TN
LVHW050429160826
845677LV00002BA/608

9782329682235